INVENTAIRE

S 22642

I0076038

RELIURAL 1994

ENTAIRE
22642

MÉMOIRE

SUR

LA CULTURE DE LA VIGNE,

L'ART DE FAIRE LES VINS,

ET SUR LA DISTILLATION DES EAUX-DE-VIE DE MARC
EN PARTICULIER, ET DE L'ALCOHOL EN GÉNÉRAL;

Lu dans une des Séances de l'Académie Royale des Sciences,
le 8 Mai 1820,

PAR Mr. AUBERGIER,

Pharmacien-Chimiste de l'École de Paris, Élève de Mr. VAUQUELIN,
et Successeur de Mr. BERGOUHNIOUX, son beau-père, ancien
Pharmacien à Clermont-Ferrand.

Suivi de l'extrait du Rapport de Mr. le Comte Chaptal
sur ce Mémoire.

A PARIS,

Chez les principaux Libraires;
Et à CLERMONT-FERRAND, chez l'Auteur.

1820.

AVANT-PROPOS.

De longs travaux et des expériences suivies, sur la distillation des eaux-de-vie, m'ayant offert des résultats précieux pour leur amélioration, je vais les soumettre à l'examen des savans, et tâcher de fixer sur eux l'attention de cette partie du public qui, loin d'accueillir ou de rejeter les innovations parce qu'elles sont contraires à la coutume, sait également et s'en défier et leur rendre justice.

Mes recherches sur les eaux-de-vie m'ont conduit à étudier, à comparer entre eux les différens procédés de faire le vin en Auvergne, et cette étude, en me les découvrant plus ou moins vicieux, m'a dévoilé ceux qu'il serait utile d'y substituer. Il en est de même pour la culture de la vigne. Ainsi, avant que de décrire mes opérations distillatoires, je vais parler de la manière dont les vignobles de l'Auvergne devraient être traités et ensuite indiquer comment on doit procéder à la fabrication du vin qu'ils produisent; mais pour être court et par là concevoir une plus grande espérance d'être lu, j'indiquerai ce qu'il faut faire plutôt que ce qui a été mal fait jusqu'à ce jour et

j'éviterai les longues discussions, les dissertations
scientifiques, aussi souvent inutiles qu'elles sont
inintelligibles à la plupart des lecteurs.

J'entrerai dans de plus grands détails lorsque
je parlerai des eaux-de-vie de marc parce qu'il
ne s'agira plus de conseils sur des procédés plus ou
moins défectueux, mais de renverser totalement
une croyance générale sur l'huile empyreumatique
supposée contenue en dissolution dans ces eaux-
de-vie. La découverte que j'ai faite à ce sujet tient
tellement à la perfection de cette liqueur, ordinairement désagréable, que je ne saurais trop in-
sister sur une erreur depuis long-tems accréditée,
même chez les savans.

On aurait tort de reprocher aux premiers cha-
pitres de cet opuscule de reproduire quelques-
unes des heureuses leçons de Mr. le comte
Chaptal sur cette partie. L'ouvrage de ce savant
philantrope, formant deux voulumes in-8o., ne
contient pas et ne peut contenir tous les détails
propres à chaque localité.

Il est une vérité incontestable, c'est que les
meilleurs livres sont peu lus s'ils sont d'une cer-
taine étendue; les hommes studieux, les riches
propriétaires en font seuls leur profit, et voilà
pourquoi la pratique est si peu souvent en rapport

avec la théorie : peut-être ne serait-il pas sans un
grand intérêt pour l'agriculture en général, que
des observateurs instruits missent à la portée de
toutes les classes de lecteurs et dans des livres
peu volumineux, ces grandes vérités théoriques,
appliquées aux localités qu'ils auraient plus par-
ticulièrement étudiées. Et quel meilleur moyen
d'être utile que de propager les précieuses dé-
couvertes de nos savans et de les rendre familières
à ces cultivateurs nombreux, qui ne peuvent en
prendre connaissance dans leurs ouvrages im-
mortels !...

L'Auvergne fait un assez grand commerce de
vin pour qu'on soit surpris qu'aucun agriculteur,
qu'aucun chimiste n'en ait fait le sujet de ses observations ou n'ait publié quelque mémoire sur cette
matière. Il me semble cependant que les procédés
de culture et de récolte, employés jusqu'aujour-
d'hui, ont le plus grand besoin d'être améliorés.
Si je suis dans l'erreur, mes compatriotes n'en
verront pas moins que j'ai eu le désir d'appliquer
mes faibles talens à la prospérité de leur agriculture et de leur commerce.

MÉMOIRE

SUR LA CULTURE DE LA VIGNE.

CHAPITRE PREMIER.

Culture de la Vigne.

On ne peut parcourir le petit espace de cent toises de terrain, dans les vignobles de l'Auvergne, sans être étonné, affligé même de les trouver plantés de cinq ou six différentes espèces de raisins qui mûrissent à quinze jours au moins les uns des autres. Ainsi, à l'époque des vendanges, on voit des ceps dont le fruit est presque confit et à moitié mangé par les insectes, à côté d'autres ceps dont les raisins sont à peine colorés; quel vin peut-on espérer de ce mélange de fruits verts, et que peuvent la fécondité de la terre, la régularité des saisons contre une pareille indifférence des cultivateurs?

Le choix du plant convenable au sol et à son exposition, n'occupe point assez les vignerons, et cependant le plus simple raisonnement, en montrant l'importance de ce choix, fait concevoir qu'il devrait fixer leur première attention. Ce n'est pas le site, la qualité du terrain, l'exposition seuls qui donnent aux vins leur supériorité, c'est de la nature, du hasard ou de la prévoyance humaine qui ont placé dans l'endroit le plus convenable, le plant le plus convenable à cet endroit, que le raisin reçoit ses propriétés plus ou moins vineuses. Ce n'est point le soleil seul de la Bourgogne, du Bordelais, ou de l'Espagne, ou de la Grèce, qui rend ces vins généreux, suaves ou capiteux; j'aimerais autant entendre dire que c'est lui seul qui donne aux raisins leurs couleurs différentes. S'il en était ainsi, les raisins blancs seraient propres aux seules montagnes du nord, les rouges aux seules régions tempérées, et les noirs aux seuls pays brûlés par l'astre du jour; mais il en est autrement, et dans chacune de ces parties du globe, on trouve placées à côté les unes des autres, et des mains de la nature comme de celles des hommes, des vignes dont les fruits sont noirs, rouges et blancs, et dont les qualités ne diffèrent qu'en raison des qualités du terrain et de l'exposition qui se trouvent plus ou moins favorables à leur végétation. La nature a multiplié les espèces de vignes comme celles de ses autres productions. C'est à l'homme de choisir celles qui conviennent

le mieux à ses besoins ou à ses plaisirs. Il les
soigne, et cette culture augmente encore leurs
qualités. Mais suffit-il, pour soigner, cultiver
les végétaux, de se contenter de bécher, arroser
ou fumer la terre qui les nourrit? Nos physiciens
les plus respectables n'ont-ils fait que suivre les
rêves de leur imagination trop féconde, en re-
connaissant dans la végétation un principe de vie
bien supérieur à la matière inerte, et qui la rapproche d'une manière si étonnante de l'animalité ?
Se sont-ils trompés dans leurs observations phy-
siologiques, lorsqu'il ont soumis les végétaux aux
mêmes expériences que les animaux? Et ces conseils de croiser les espèces, de joindre à la brebis
française le bélier espagnol, sont-ils suivis de
résultats plus heureux que cet autre conseil si
souvent répété, de ne pas semer un champ avec
le blé qu'il vient de produire, mais d'emprunter
une semence à d'autres terres, afin d'obtenir une
récolte plus abondante ? Non sans doute : les
mêmes raisonnemens ont eu d'aussi bienfaisans
effets sur l'une et l'autre de ces modifications de
la vie : non sans doute, c'est peu d'arroser, de
fumer, de bécher la terre qui entoure les racines
d'un végétal ; il faut encore faire attention si cette
terre, cette eau, ce fumier lui conviennent, si
l'air, les brouillards, les vents et le soleil auxquels
il se trouve exposé, lui sont favorables ou nui-

sibles. C'est un individu, c'est un être vivant, auquel nous devons d'autant plus de soins que, dénué de la faculté locomotrice, il ne peut aller choisir sa pâture à une distance trop éloignée du lieu où nous l'avons déposé. Qu'importe à ce plongeon des mers du nord, à ce pingoin de la mer glaciale, que son curieux propriétaire lui présente, lui-même et à toutes les heures de la journée, une eau douce et limpide pour boisson, un pain blanc et trempé dans du lait pour nourriture? Il périt en regrettant le ciel affreux qui le vit naître, les glaçons salés qui lui servaient d'abri et le poisson marin que la nature avait destiné pour être sa pâture. Quand je considère les peines inutiles que se donnent certains cultivateurs pour faire prospérer dans un terrain qui ne lui convient pas, un plant qu'une autre terre pourrait rendre fécond, je me rappelle cet enfant qui voulait élever un aiglon avec le millet écrasé dont il nourrissait les jeunes serins de sa volière.

En Auvergne, le voisinage des montagnes fait beaucoup varier la température atmosphérique. Des gelées printanières et automnales, des nuits, quelques matinées et des soirées froides, même pendant les jours de l'été, retardent souvent la maturité des raisins; il faut donc s'attacher à planter une espèce précoce et qui puisse mûrir sans avoir besoin d'une température soutenue.

Cette espèce, ou mes observations m'ont bien trompé, doit être, pour cette localité, celle qu'on y désigne sous le nom de *nérou-double*.

Je cherche en vain pourquoi sa culture est négligée, pourquoi on lui reproche de ne pas produire une récolte aussi régulièrement abondante que celle des espèces qu'on lui préfère. J'ai toujours vu le contraire ; j'ai toujours remarqué qu'au milieu d'un vignoble infécond, les seuls ceps, ayant quelques grappes de raisins, se trouvaient être de l'espèce du *nérou-double*, auquel sans doute on fait partager, par une injustice que les hommes ne bornent point toujours à l'agriculture, la proscription que son frère le *nérou-simple* a justement méritée. Les vignerons doivent donc s'attacher à mettre quelque différence entre ces deux homonymes, à ne pas dédaigner les qualités précieuses du *nérou-double*, ainsi qu'ils ont raison de rejeter le *nérou-simple*.

Le *gamé lionnais* préféré, depuis quelques tems, à toutes les autres variétés, parce qu'i fructifie tous les ans avec plus d'abondance, peut être cultivé avec beaucoup d'avantage. C'est assurément, après le *nérou-double*, la meilleure espèce des raisins de l'Auvergne. Son fruit est moins doux parce qu'il ne parvient pas à une aussi parfaite maturité que celui du *nérou-double ;* mais un vignoble excellent serait celui dans lequel on aurait

planté du *gamé lionnais* aux endroits les plus ex-
posés au soleil et du *nérou-double* dans les lieux
plus sujets à l'ombre. Le plant doit être pris sur
de jeunes sujets de cinq ou six ans au plus. Il faut
les marquer soi-même pour être certain de l'espèce
qu'on veut cultiver. On sait que la végétation de
la bouture ou *crossette*, nommée vulgairement en
Auvergne *maillot*, est d'autant plus facile et vigou-
reuse, que le terrain du sujet qui la fournit, est
inférieur en qualité au terrain qui doit la recevoir.
Les crossettes seront trempées dans l'eau pendant
dix ou douze jours, avant d'être confiées à la terre.

Il est reconnu que la qualité vineuse d'un raisin
est en raison du peu de fumier dont on couvre les
racines de son ceps. Avant donc que de trans-
former un terrain en vignoble, il faut lui faire
subir une opération qui, en remplaçant l'engrais
n'ait point sa propriété nuisible au sucre du fruit.
Il faut y semer du sainfoin et le laisser pendant
trois ans en pré artificiel. Le jeune plant, livré à
un sol ainsi préparé, y multipliera plus facilement
ses racines; il les prolongera beaucoup plus que
si cette précaution avait été négligée, et les sucs
nécessaires à sa végétation lui arriveront plus purs
et par des canaux bien plus nombreux que ne
pourrait les lui procurer le meilleur fumier. Malgré
ce que je viens d'exposer, on a cette malheureuse
habitude, afin de faciliter la pousse des vignes et

pour obtenir une récolte plus abondante, de les fumer tous les ans. Qu'arrive-t-il alors ? une bien plus grande quantité de sarmens, de feuilles et peut-être de fruits, j'en conviens ; mais ces raisins, abrités sous ce mur épais de bois et de feuilles, sont toujours à l'ombre, toujours au frais ; la terre même qui contient les principes de leurs sucs nourriciers, n'étant point échauffée par les rayons du soleil, les leur transmet à peine élaborés. On ne voit pas s'élever de son sein cette tiède vapeur si nécessaire au pampre comme au raisin ; la maturité reste imparfaite et la qualité des vins dégénère d'année en année. Je suis loin d'exiger qu'on ne porte jamais d'engrais dans les vignes, ce serait tomber d'un excès dans un autre ; mais il ne faut employer le fumier que pour faire pousser le bois nécessaire à la récolte, et, dans ce cas, je conseille l'usage de l'engrais indiqué par M. le comte Chaptal, dans le premier volume de son art de faire les vins.

En résumé, mes conseils, sur cette partie, se bornent donc, 1°. à rejeter des vignobles cette multitude d'espèces qui n'ont aucun rapport entre elles dans la marche de la végétation ; 2°. à se contenter du *nérou-double* pour les positions un peu ombragées, et du *gamé-lyonnais* pour les plus échauffées ;

3°. A planter les *crossettes* dans un terrain

qui, pendant trois ans aupavant, aura servi de
pré artificiel;

4°. Enfin, de n'accorder aux vignes qu'une très-
petite quantité des fumier.

CHAPITRE II.

De l'art de faire le vin.

La manière dont le fruit est récolté, influe beaucoup sur le liquide qu'il doit produire. En général,
on vendange toujours trop tôt. La crainte des froids
est la cause de cette précipitation malheureuse.
Ces froids ne surviennent pas toujours; mais
qu'importe? Ils ne sont pas dangereux, c'est ce
qu'on ne veut pas croire; en vain la raison crie:
attendez que vos raisins soient mûrs, en vain
d'autres pays donnent l'exemple de cette patience
si bien récompensée, on n'en tient nul compte.

A Bordeaux, dans toutes les provinces où l'on
récolte les meilleurs vins, on y attend cette bien-
faisante maturité. On n'y vendange souvent qu'a-
près les gelées et les feuilles tombées. Mais l'habitude machinale, la routine aveugle et l'igno-
rance entêtée ne s'embarrassent point de ce qui
se passe autour d'elles. On se hâte de porter le
raisin à la cuve et, pendant un grand mois encore, après ces vendanges prématurées, le beau

tems vient quelquefois échauffer en vain ces
pampres dégarnis de leurs trésors. Dépouillés
un mois plus tard, ils pouvaient et relever l'honneur du terroir et doubler les profits de leurs
propriétaires. J'en connais dont les vignes closes
ont été sagement respectées et qui s'applaudis-
sent encore des heureux effets de cette persévé-
rance sur la qualité et la quantité de leurs vins.

Mais répète-t-on toujours : si des gelées surviennent?.... Cela peut arriver une fois tout au
plus en cinq ans; mais ce froid si injustement
redouté n'est pas nuisible; il ajoute au contraire
à la qualité du raisin, en lui enlevant l'eau de sa
végétation, et en concentrant le *mucoso-sucré*.
Il est vrai qu'il diminue la récolte quelquefois
d'un tiers; mais la consommation étant la même,
les deux tiers restans ne représentent-ils pas la
même valeur à laquelle il faut ajouter en bénéfice
un tiers d'augmentation, pour la qualité, et un tiers
des frais d'exploitation et de droits qui ne se
trouvent pas à payer?

Pour jouir de ces grands avantages, il faut que
par une mesure généralement adoptée, chaque
commune décide que ses vendanges se feront le
plus tard possible, et que, l'époque une fois fixée,
il ne soit permis qu'aux propriétaires dont les
vignes sont closes, d'en hâter ou retarder le jour.
Il faut qu'un arrêté communal s'oppose à la mau-

vaise habitude de vendanger par un tems de pluie et de trop grand matin. L'avarice qui croit trouver son profit à mettre ses mercenaires à l'ouvrage avant huit heures, ne se doute pas de la différence qui existe entre un vin produit par un raisin récolté à la pluie, ou imprégné d'une froide humidité, et celui d'une cuve où le raisin n'est arrivé que privé de l'humidité atmosphérique et déjà échauffé par les rayons du soleil. Quinze litres du premier, distillé avec soin, ne m'ont donné que deux litres et demi d'eau-de-vie à vingt degrés, tandis que la même quantité d'un vin récolté par un beau tems, m'en a fourni jusqu'à trois et un quart au même titre.

Il ne faut pas entièrement attribuer cette différence des produits, à l'eau qui s'est mêlée au jus du raisin pendant la récolte. C'est plutôt à la fraîcheur que cette humidité communique au raisin. Le mouvement de la fermentation en est ralenti. Huit à dix jours auraient suffi pour donner au principe sucré le temps de se convertir en alcohol, et quinze jours sont à peine suffisans. Il se fait alors une perte de principes d'autant plus grande, que la grappe portée à la surface de la cuve avec peu de véhémence se rapproche moins serrée, et ne forme qu'une légère couverture très-facile à traverser.

Jusqu'à ce jour on a regardé comme inutile ou

nuisible au raisin d'Auvergne l'opération qui l'arrache à la grappe. L'analyse cependant m'a prouvé que cette grappe contient jusqu'à cinquante pour cent d'eau de végétation, de l'acide malique tartareux, et une matière très-âcre qu'elle cède au vin en absorbant l'alcohol, et cette grappe contient d'autant plus de ces substances nuisibles à la fermentation, que la vendange a été hâtive, que le raisin est moins mûr, et que par conséquent elle se trouve moins desséchée.

L'usage des cuves larges du bas et étroites du haut, ne saurait être trop recommandé et trop généralement adopté. La grappe, que la fermentation fait monter, trouvant un moins large espace, se rapproche d'autant, forme une sorte de couvercle plus solide, qui s'oppose avec plus de succès à l'évaporation spiritueuse.

Pour préparer la vendange à la fermentation, chacun a sa méthode, et cependant il n'en est qu'une bonne approuvée par la théorie et la pratique. C'est, lorsque la vendange est arrivée près de la cuve, de l'écraser et de n'en laisser aucun grain entier; on obtient alors une fermentation prompte, générale, et dont l'heureux produit est un vin liquoreux et coloré. Pour se procurer ce double résultat, beaucoup de personnes enfoncent la grappe dans le liquide, de manière à le faire surmonter le marc d'un demi-pouce, c'est une bien grande erreur. Ce vin, placé ainsi au haut de la cuve, acquiert, j'en conviens, un aspect plus foncé, mais qui n'est pas dû à la dissolution d'une plus grande quantité de matière colorante.

C'est l'oxigène atmosphérique qui s'est combiné avec elle. Ce vin a perdu dans cet état une partie de son alcohol, et n'a donc pu en dissoudre d'avantage. Les vins les plus liquoreux sont aussi les plus colorés, parce que c'est l'alcohol qui dissout cette matière colorante.

Pour se convaincre que c'est bien à l'oxigène qu'est dû le phénomène dont je parle, il suffit de mettre du vin nouveau dans un verre exposé à l'air, on le verra bientôt prendre une couleur plus intense quoiqu'il soit privé de son marc.

Quelques vignerons pensent encore qu'en faisant baigner de cette manière le marc dans le vin, ils empêcheront le dessus de la cuve de s'aigrir; ils y parviendraient bien plus sûrement encore s'ils égrappaient leurs raisins, comme je l'ai déjà conseillé. C'est la grappe qui, en facilitant l'interposition de l'air entre ses ramifications, favorise cette fermentation acéteuse; mais en égrappant, le contact des grains est plus intime, l'air a moins de facilité à s'interposer entre eux, et le développement acide ne peut qu'être très-superficiel, si toute fois il a lieu. M. le docteur Raimond, médecin de Clermont, justement estimé, et dont

2

les vins, obtenus par une partie des moyens que je propose, sont d'une supérioté reconnue, m'a souvent assuré qu'une fois sa cuve en pleine fermentation, il n'y touchait plus que pour tirer son vin. Il a rarement remarqué que le dessus en fût aigre, et ne l'en sépare au contraire que parce qu'il ne lui trouve aucun goût.

Pour que la fermentation d'une cuve s'établisse sur tous ses points, il faut l'agiter à l'aide d'un bouloir. La chaleur, commençant à s'établir dans le milieu, il faut pousser du centre à la circonférence *et vice versa*, afin qu'elle devienne uniforme dans toutes ses parties, ce qui s'apperçoit en y plongeant la main et aux bulles d'air qui arrivent à la surface. Alors il ne faut plus toucher à la vendange; mais aussitôt qu'elle paraît s'enfoncer et annonce ainsi que la fermentation est terminée, le vin doit être tiré. On ne saurait trop se hâter parce qu'il commence à perdre.

Il faudrait dans cette dernière opération que le vin pût couler de la cuve dans les tonneaux sans éprouver le contact de l'air. On ne peut apprécier la quantité d'esprit qu'il perd en passant ainsi de la cuve dans des vases à large ouverture, et de ces vases dans les tonneaux. Il est encore chaud et son principe alcoholique n'est pas encore aussi intimement lié avec ses autres parties qu'il le devient par la suite.

Quel avantage serait-ce pas pour l'Auvergne si, comme je n'en doute pas, les vins fabriqués selon les principes que je viens d'exposer pouvaient parvenir à lutter avec les vins du Languedoc, non seulement pour la couleur, mais encore pour la bonté, et ce que j'avance ici pour les vins doit s'étendre à ses eaux-de-vie, puisque de la qualité des premiers dépend celle de ces derniers. Proposé-je donc des améliorations si difficiles? je ne le crois pas, tout se réduit à ceci : 1º. ne faire la vendange que fort tard, quand le raisin est bien mûr, et ne pas entrer dans les vignes avant huit heures du matin; 2º. égrapper le raisin et l'écraser le mieux possible; 3º. se servir de cuves plus larges à leur base qu'à leur ouverture, et agiter la liqueur du centre à la circonférence; 4º. enfin, faire couler le vin aussitôt après sa fermentation dans les tonneaux, sans l'exposer à l'air libre.

CHAPITRE III.

Des eaux-de-vie de marc en particulier, et de l'alcohol en général.

La chimie a répandu tant de lumières sur la fermentation, qu'aujourd'hui les personnes les moins éclairées parviennent à utiliser, même d'une manière très-économique, toutes les substances végétales susceptibles de procurer de l'alcohol lorsqu'elles ont été soumises à la fermentation.

Nous avons une foule de mémoires sur les différens moyens de se procurer le principe alcoholique, et de l'obtenir pur ; mais ce principe même est modifié et éprouve des variations selon la différence du climat et du sol. Jusqu'à ce jour, on n'a pas reconnu la véritable cause qui rend l'alcohol plus ou moins agréable selon les substances soumises à la distillation. Je vais jeter, j'ose croire, un grand jour sur cette partie de la chimie expérimentale.

Comme c'est en opérant sur des eaux-de-vie de marc que j'ai fait ma découverte, c'est par elles que je vais commencer pour traiter cette matière.

Voici comme on procède à la fabrication de cette sorte d'eau-de-vie: on remplit une cucurbite de marc, ensuite on verse de l'eau dessus afin que ce bain l'empêche de brûler. J'ai vu souvent employer dans cette opération une eau très-impure et puisée dans un réservoir alimenté par une rigole passant auprès et recevant les égoûts des mottes de fumier. Si vous vous en étonnez, si vous en faite l'observation, il est des gens qui vous répondront avec sang-froid : « *Le feu purifie tout.* » Est-il donc si difficile à concevoir que ces

matières animales et végétales, chariées par l'eau,
doivent concourir à donner le plus mauvais goût
au produit d'une pareille distillation. Et devrais-
je être obligé de recommander ici de ne jeter sur
le marc qu'une eau très-pure, afin qu'en l'em-
pêchant de brûler on n'ajoute pas encore à l'odeur,
déjà bien assez désagréable de son eau-de-vie.

On a cru jusqu'à présent que cette odeur, que
ce goût âcre et pénétrant des eaux-de-vie de marc
étaient dus à l'huile empyreumatique, tenue en
dissolution dans ces fluides. Ce fait est faux, je
le démontrerai tout-à-l'heure. Je prouverai bientôt
que cet odeur est due à une huile volatile qui
existe toute formée dans une des parties du raisin,
principe huileux qui ne s'est nullement formé
pendant la distillation, comme on a paru le soupçonner. En rectifiant de l'eau-de-vie de marc au
bain marie à une chaleur très-douce en commençant l'opération, et graduée afin d'obtenir de l'esprit de vin à 36 degrés, je m'aperçus un jour que
les premières portions d'alcohol étaient en partie
dégagées du principe âcre, dont l'eau-de-vie que
je rectifiais étaient fortement imprégnée.

Je m'empressai de répéter l'opération, et divisai
ses produits en trois parties : la première formée
de toute la liqueur rectifiée jusqu'au moment où
je reconnus qu'en la mêlant avec un peu d'eau,
elle devenait imperceptiblement laiteuse. Je chan-

geai de vase, et ce qui vint jusqu'à l'instant où il
me fallut augmenter le feu pour que la liqueur
pût passer au filet, forma mon second produit. Je
n'obtins pour la troisième partie, après avoir con-
tinué la chaleur, pour retirer tout le principe alcoholique, qu'une liqueur épaisse et toute laiteuse.

Je repris le premier produit et le redistillant
plusieurs fois à une douce chaleur; j'en obtins un
alcohol presqu'entièrement dégagé de l'odeur des
eaux-de-vie de marc. J'en conçus l'espérance
qu'en récidivant la rectification, je pourrais obtenir un esprit privé de ce mauvais goût; mais je
tentai vainement trois autres opérations, mon alcohol n'en eut point une saveur plus agréable, et
je pense qu'il est impossible de le débarrasser
tout-à-fait d'un principe aussi tenace.

Je redistillai le second produit plusieurs fois
à une très-douce chaleur, de manière à en tirer
les trois quarts à-peu-près d'un alcohol assez pur,
et le reste très-chargé de parties huileuses. Rectifiant enfin le troisième produit, je ne pus en obtenir qu'un tiers d'alcohol semblable au précédent.
Alors je joignis à ces deux tiers chargés d'huile
qui me restaient, le dernier quart du deuxième
produit mis de côté, et soumettant ces restes à une
nouvelle distillation, la première portion obtenue
ne se troublait presque pas étant mêlée avec de
l'eau, signe évident qu'elle contenait peu d'huile.

La seconde, que je laissai passer tant qu'elle me parut limpide, contenait une plus grande quantité d'huile dont la présence était facilement reconnue en la mêlant à l'eau qui la troublait de suite. Ici je changeai de vase, et continuant de distiller, je n'obtins plus, jusqu'à la fin de l'opération, qu'une liqueur laiteuse, ayant à sa surface une légère couche d'huile, quoique ce dernier produit eût 23 degrés à l'aréomètre de Baumé.

Enfin, réunissant ce dernier produit au second et leur ajoutant une quantité d'eau propre à les réduire à 15 degrés de l'aréomètre de Baumé, la liqueur devint aussitôt très-opaque et fut recouverte un quart d'heure après d'une assez grande quantité d'huile que je recueillis avec le plus grand soin. Il me paraît certain que ce principe huileux est entièrement volatil, puisque, soumis plus de dix fois à la distillations, il n'a jamais laissé la moindre trace de sa présence dans les résidus du bain marie. Je veux dire que ces résidus ayant même subi une forte ébulition n'étaient imprégnés ni du goût, ni de l'odeur qui caractérisent les eaux-de-vie de marc.

Ce principe huileux a toutes les propriétés des huiles volatiles, son arôme qui lui est propre, sa saveur âcre et insupportable qui lui est encore particulière, ne permettent de le confondre avec aucun autre de son espèce, et m'autorise à lui donner le nom d'huile volatile de raisin, dont voici les propriétés chimiques :

1º. Elle est très-limpide et sans couleur au moment où on la sépare de l'alcohol ; mais la lumière lui fait prendre quelque tems après une teinte légèrement citrine ;

2º. Son odeur est pénétrante, sa saveur est très-âcre, insurportable, et cette odeur et cette saveur lui sont propres ;

3º. Elle est très-fluide ;

4º. Elle produit, en brûlant, une flamme bleue et répand dans l'atmosphère une odeur d'eau-de-vie de marc ;

5º. Soumise à la distillation, ses premières portions vaporeuses conservent leur arôme ; mais le produit ne tarde pas à contracter une odeur empyreumatique. Ce qui me fait soupçonner qu'elle pourrait bien contenir une petite partie d'huile fixe propre au pepin du raisin. La liqueur contenue dans la cornue prend aussitôt une couleur citrine qui s'augmente pendant l'opération et laisse à la fin un charbon très-léger, peu considérable ; résidus qui me fait penser que cette huile volatile est est un peu moins légère que les autres ;

6º. Elle se combine à l'eau en lui cédant et son odeur, et son âcreté dans les proportions d'un millième ;

7°. Elle dissout le souffre lorsquelle est en ébulition et le laisse précipiter par le refroidissement ;

8°. Enfin, avec les alcalis, elle forme des savonnules.

J'ai obtenu près de 32 grammes de cette huile sur 150 litres d'eau-de-vie.

Son odeur aromatique *sui generis* m'a fait penser qu'elle n'était point ainsi que l'huile empyreumatique le produit de la distillation comme on a paru le croire jusqu'à présent ; mais bien une huile volatile propre au raisin et qui devait avoir son siége dans l'une de ses parties.

Je les ai toutes distillées les unes après les autres séparément.

Les pepins distillés avec l'alcohol m'ont donné une liqueur assez transparente et d'une saveur d'amandes très-agréable. Cette même saveur d'amandes s'est reproduite encore dans une distillation d'eau simple sur des pepins de raisins. Ainsi donc, ce ne sont pas ces semences qui donnent aux eaux-de-vie de marc le goût qu'on leur reproche.

La grappe distillée n'a produit non plus qu'une liqueur très-légèrement alcoholisée.

Mais l'enveloppe des grains de raisin séparée des pepins et de la grappe, soumise seule à la fermentation et distillée ensuite a donné une eau-de-vie tout-à-fait semblable à celle de marc. Ainsi donc, je le repète : le goût désagréable de ces eaux-de-vie ne vient pas d'une *huile empyreumatique* fruit de la distillations; n'est point dû à l'*éther acétique*, et ne peut être l'effet d'une huile renfermée dans les pepins de raisin, comme on l'a publié depuis quelques années. Sa véritable cause est une substance huileuse volatile contenue dans la seule pellicule du raisin, matière d'un goût et d'une odeur si âcre, si pénétrant qu'il n'en faut qu'une seule goute pour infecter 10 litres de la meilleure eau-de-vie (1). Et delà, je conclus que celles d'Andaye et de Cognac sont supérieures aux autres par cela seul qu'elles sont le produit de la distillation d'un vin blanc qui, n'ayant pas fermenté sous la grappe, n'a pu se charger de cette huile propre à la seule peau du raisin. Mais, ne devant qu'à des expériences suivies cette théorie nouvelle, j'ai voulu soumettre toutes les conséquences qui me paraîtraient en d'écouler à de nouvelles expériences, afin de confirmer de plus en

---

(1) En général on reconnaît la présence des huiles volatiles dans presque tous les corps qui les recèlent, et la pellicule du raisin paraît étrangère au goût de celle-ci. C'est qu'elle y existe sous le plus petit volume qu'on puisse le concevoir; en effet, il a fallu 3,000 pesant de marc de raisin pour obtenir 150 litres d'eau-de-vie, qui n'ont donné, par l'analyse, que 32 grammes d'huile volatile de raisin.

plus l'excellence de cette découverte. Dans ce
but, j'ai tiré d'une cuve un tonneau de moût avant
que sa fermentation ne fût commencée. Je l'ai
bien bondonné, et ne lui laissai qu'une ouverture
d'une ligne de diamètre pour l'évaporation de
l'acide carbonique. Aussitôt que mon vin eut cessé
de fermenter, je le distillai avec soin, et sur 15 litres, j'en obtins 4 d'une eau-de-vie excellente
à 20 degrés. Résultat bien supérieur en abondance
comme en qualité à celui d'un vin fermenté dans la
cave et sous le marc, qui se borne à 3 litres pour
15 litres d'une eau-de-vie seulement à 18 degrés.

De quelle valeur n'augmenterait-on pas les vins
de l'Auvergne si, dans les années d'abondance, où
ils ne se vendent guère que 2 fr. 50 c. les 15 litres,
on les faisait fermenter comme je viens d'en donner l'exemple, en renfermant le moût, séparé des
pepins, de la grappe et de la peau, dans des tonneaux, n'ayant d'autre ouverture que celle nécessaire au dégagement de l'acide carbonique. Ces
vins ne vaudraient pas moins de 4 à 5 fr., et celui
qui les convertirait en eau-de-vie y trouverait de
plus grands avantages.

Espérant encore qu'on pourrait obtenir d'aussi
bonne eau-de-vie que dans le Languedoc en dis-
tillant de l'eau versée sur le marc, sans l'y laisser
fermenter, comme c'est l'habitude pour obtenir
du petit vin ; mais au contraire en évitant qu'elle

puisse se charger d'une partie de l'huile de peau
de raisin, si nuisible à la saveur des fluides qu'elle
dénature. Voici l'opération qui m'a le mieux
réussi : Je fis verser de l'eau sur un marc encore
placé sous le pressoir jusqu'à ce que je la visse sortir
trés-peu colorée, après avoir coulé le long de la
grappe et s'être filtrée en quelque sorte à travers
cet amas vineux. Un tonneau reçut cette eau et
toute celle que la presse put faire sortir du marc.
Mais, trop peu chargéee de principes alcoholiques
par cette première manœuvre, je la fis passer
ainsi sur trois marcs différens, et, l'ayant laissé
s'éclaircir dans son tonneau, je la distillai comme
j'eusse fait du meilleur vin. L'eau-de-vie que j'en
retirai fut trés-bonne et n'avait aucune odeur
d'eau-de-vie de marc. Cependant, comme ce lavage du marc n'avait pu lui enlever toute sa partie
vineuse, je le distillai aussi, de sorte que du même
marc, je retirai deux espèces d'eaux-de-vie, la première aussi bonne que les meilleures du Languedoc, et la seconde pareille aux eaux-de-vie de
marc ordinaires, c'est-à-dire que, d'un tout ex-
trêmement mauvais, je retirai une bonne moitié
excellente et dont la valeur dédommage emple-
ment du peu de soins qu'ils faut apporter pour
se la procurer.

Dans ces distillations différentes, il faut ne pas
se servir du même serpentin ; car celui qui vient-

drait de recevoir la distillation du marc propre-
ment dit, communiquerait son goût détestable à
l'eau-de-vie obtenue par celle du lavage de ce
marc. L'huile de raisin s'attache avec tant d'adhé-
rence aux parois intérieures des serpentins qu'il
n'est plus possible de les en débarrasser.

Je ne puis m'empêcher et je crois qu'il m'est
permis de généraliser mes réflexions sur les principes alcoholiques contenus dans les liqueurs des
différentes substances soumises à la fermentation.
Il est certain qu'ils sont tous les mêmes et que s'ils
n'ont point tous le même goût, il ne faut l'attribuer
qu'au principe aromatique, particulier à chacune
des substances dont on a retiré l'alcohol. Ce principe est volatil, il se trouve ordinairement à la
surface du végétal qui le recèle ; en enlevant cette
surface à des végétaux différens, ils fourniront
donc des alcohols à-peu-près semblables. Ce sont
des fruits que, le plus souvent, on livre à la fermentation, et chacun sait que leur arôme est en
majeure partie contenue dans leur enveloppe cor-
ticale ; ainsi donc, en enlevant cet enveloppe aux
pommes, aux poires, aux prunes, aux abricots,
aux pêches, à l'orge même, on en obtiendra des
eaux-de-vie, sinon tout-à-fait semblables, du
moins presqu'entièrement dégagées de cette saveur
particulière à chacun de ces végétaux : mais je ne
veux pas m'avancer d'avantage dans le champ si

vaste de l'analogie, et, pour terminer un mémoire
que j'eusse voulu réduire à une plus simple ex-
pression, je crois pouvoir assurer que de mes
expériences on doit conclure :

1°. Qu'il existe une huile volatile de raisin ;

2°. Que cette huile, nouvellement découverte,
est placée dans la seule pellicule des grains du
raisin ;

3°. Que c'est elle qui infecte les eaux-de-vie de
marc, et qu'on a nommé improprement empyreumatique ;

4°. Qu'en faisant fermenter le moût, séparé de
la grappe, de la peau et des grains, dans des
tonneaux, n'ayant d'autre ouverture que celle
nécessaire à l'évaporation de l'acide carbonique,
on obtiendra un vin dont la distillation fournira
la meilleure eau-de-vie possible et en plus grande
quantité ;

5°. Et qu'enfin, on peut du même marc faire
deux sortes d'eaux-de-vie, dont l'une obtenue,
par son lavage, sera égale en qualité aux eaux-
de-vie de vin, et l'autre ne sera pas plus mauvaise
que les eaux-de-vie de marc ordinaires.

EXTRAIT DU RAPPORT
DE Mr. LE COMTE CHAPTAL,

Fait à l'Académie Royale des Sciences, le 12 juin 1820, sur le Mémoire de Mr. AUBERGIER, ayant pour titre : *Mémoire sur la culture de la Vigne, etc.*

~~~~~~~~~~~~~~~~~~~~~~

« La première partie de ce mémoire est consacrée
» à la culture de la vigne, et Mr. Aubergier se borne
» à celle qui est suivie en Auvergne, où il a son do-
» micile. Il propose de remplacer certains plants par
» d'autres qu'il désigne; nous ne pouvons ni le suivre,
» ni le juger sur cette partie de son mémoire; les plants
» dont il parle ne nous sont pas connus...

» Dans la seconde partie du mémoire, l'auteur traite
» de l'art de faire le vin, et tous ce qu'il propose se
» réduit à ceci :

» 1°. Ne vendanger que lorsque le raisin est mûr;

» 2°. Égrapper le raisin et le bien écraser;

» 3°. Employer des cuves plus larges à leur base
» qu'à leur ouverture;

4°. Faire couler le vin dans les tonneaux, immédia-
» tement après la fermentation, sans l'exposer à l'air.

» Ces principes sont généralement vrais... Nul doute
» qu'une vendange prématurée ne donne de mauvais
» vins; nul doute aussi qu'on ne pût souvent la retarder
» avec avantage... Si les gelées surprennent le raisin

» rouge, la récolte est moindre d'un tiers ; cette di-
» minution de produit peut être balancée par le prix
» plus élevé qu'acquiert le vin dans les vignobles,
» comme ceux de Bordeaux, où l'on vendange tard et
» souvent après les premières gelées.

» Dans la troisième partie, l'auteur tend à prouver
» qu'il existe une huile volatile dans la pellicule du rai-
» sin qu'on peut en tirer par la distillation, d'où il
» conclut que le goût âcre, piquant et désagréable des
» eaux-de-vie de marc, est dû à la dissolution de cette
» huile dans l'alcohol. Cette partie du mémoire paraît
» appuyée de nombreuses expériences qui ne laissent
» aucun doute sur l'existence de cette huile, ni sur les
» conséquences qu'il en tire ».

« Nous pensons qu'il faut inviter l'auteur à poursui-
» vre ses recherches, et que son mémoire qui contient
» des faits importans, mérite d'être acccueilli par l'aca-
» démie ».

Signé, DE JUSSIEU, DESFONTAINES.

CHAPTAL, Rapporteur.

L'Académie approuve le rapport, et en adopte les conclusions. Ensuite est écrit : certifié conforme à l'o-riginal.

Le Secrétaire perpétuel, Conseiller-d'État, Chevalier
de l'Ordre Royal de la Légion-d'Honneur,

Baron CUVIER.

PARIS. — IMPRIMERIE DE DONDEY-DUPRÉ.
Rue St.-Louis, N°. 46, au Marais, et rue Neuve-St.-Marc, N°. 10,
au coin de la place des Italiens.

BIBLIOTHEQUE NATIONALE DE FRANCE

3 7531 008272257 8

www.ingramcontent.com/pod-product-compliance
Lightning Source LLC
Chambersburg PA
CBHW071430200326
41520CB00014B/3645